AF262471

T. 13
177.

(Onanun en Cours)

CONTRIBUTION

A L'ANATOMIE COMPARÉE DES

RACES NÈGRES

PAR

Le Docteur TESTUT

Professeur agrégé et Chef des travaux anatomiques
de la Faculté de Médecine de Bordeaux.

Deuxième Mémoire : Dissection d'une jeune négresse d'origine
sénégalienne ; Myologie.

Troisième Mémoire : Observations d'anomalies musculaires
recueillies sur un nègre de l'île Bourbon.

Tb 13
177

BORDEAUX

IMPRIMERIE NOUVELLE A. BELLIER & Cⁱᵉ

16 — Rue Cabirol — 16

—

1884

Tb 13
177.

CONTRIBUTION

A L'ANATOMIE COMPARÉE DES

RACES NÈGRES

PAR

Le Docteur TESTUT

Professeur agrégé et Chef des travaux anatomiques
de la Faculté de Médecine de Bordeaux.

Deuxième Mémoire : Dissection d'une jeune négresse d'origine
sénégalienne : Myologie.

Troisième Mémoire : Observations d'anomalies musculaires
recueillies sur un nègre de l'île Bourbon.

BORDEAUX

IMPRIMERIE NOUVELLE A. BELLIER & Cie

16 — Rue Cabirol — 16

1884

DISSECTION

D'UNE

JEUNE NÉGRESSE

D'ORIGINE SÉNÉGALIENNE

MYOLOGIE

Dans un premier mémoire publié cette année même, j'ai rapporté et décrit un certain nombre d'anomalies musculaires que j'avais rencontrées sur un jeune boschiman et démontré, pour chacune d'elles tout aussi bien que pour les dispositions anormales observées sur un sujet de la même race (1) par MM. Murie et Flower : 1º qu'elle n'était nullement caractéristique de la race boschimane ou même de la race nègre; 2º qu'elle était la reproduction plus ou moins complète chez l'homme d'une disposition normale dans la série zoologique. J'ai eu l'occasion de disséquer depuis, soit dans les laboratoires de notre Faculté, soit dans le laboratoire d'anthropologie du Muséum d'Histoire naturelle de Paris, plusieurs autres sujets nègres, et de recueillir sur eux une foule d'observations que je me propose de faire connaître, dans une série de mémoires ou d'articles complémentaires.

Je décrirai dans celui-ci les dispositions particulières que m'a offertes le système musculaire d'une jeune négresse, ori-

(1) *Murie et Flower*, Account of the dissection on a Bushwoman (*Journ. of Anat. and Phys.* 1867, p. 189).

ginaire du Sénégal. C'était une fille de quinze ans présentant
tous les attributs extérieurs des races nègres. Acquise tout
enfant dans un village de l'intérieur, elle avait été transpor-
tée à Bordeaux pour y servir comme domestique. Une tuberculose pulmonaire l'avait conduite à l'hôpital Saint-André, où
elle avait succombé après quelques jours de séjour. Sa carte
d'entrée portait le nom de *Coumboulaly Coumba*.

§ I. — Anomalies du tronc, du cou et de la nuque

A la face antérieure du thorax, le *grand pectoral*, analogue
en cela avec le grand pectoral de quelques carnassiers et de
certains singes, était intimément uni avec le deltoïde et aussi
avec le grand pectoral du côté opposé. Les deux pectoraux,
séparés à la hauteur de la cinquième côte par l'interstice
normal, se rapprochaient ensuite, de manière à se fusionner
complètement sur le tiers supérieur du sternum. Une dissection minutieuse m'a permis de reconnaître à ce niveau trois
ordres de faisceaux : 1° des faisceaux qui, partant de la masse
d'un pectoral, venaient s'attacher sur le sternum de l'autre
côté de la ligne médiane; 2° des faisceaux qui passaient sans
s'interrompre d'un côté à l'autre; 3° des faisceaux qui se
réunissaient à leurs homologues du côté opposé à l'aide d'une
petite languette tendineuse, formant ainsi avec ces faisceaux
homologues autant de muscles digastriques, dont les deux
extrémités s'implantaient sur les humérus.

A l'abdomen, je signalerai l'absence du *pyramidal* des
deux côtés, et l'absence du faisceau que le *grand* droit envoie
à la cinquième côte; ce dernier muscle, remarquable par
l'épaisseur de la gaîne fibreuse où il est contenu, présente
trois intersections aponévrotiques seulement. La première
allant de bas en haut, affecte une direction transversale et se
trouve placée à 15 centimètres au-dessus de la symphise pu-
bienne; la deuxième, également transversale, est située à
21 centimètres au-dessous de cette même symphise; quant à
la troisième, elle est fortement oblique en haut et en dedans

et se trouve séparée du pubis par une étendue de 30 centimètres.

A la partie postérieure du tronc et de la nuque, le *trapèze*
et le *grand dorsal* étaient entièrement conformes à la description classique. Ce dernier muscle m'a paru cependant prendre sur la crête iliaque des insertions plus étendues que
d'habitude; il recevait trois faisceaux de renforcement des
trois dernières côtes et glissait sur l'angle inférieur de l'omoplate sans s'y insérer. Le *rhomboïde* n'était constitué que par
une seule portion; je n'ai trouvé aucune trace du *petit
rhomboïde*. Sa hauteur, mesurée sur la colonne vertébrale,
était égale à la distance qui sépare la sixième vertèbre cer-
vicale de la cinquième vertèbre dorsale. Les autres muscles
de la nuque ne m'ont offert aucune particularité digne d'être
notée.

Au cou, le muscle *peaucier* profondément atrophié est à
peine visible; il se trouve réduit à quelques fibres pâles que
l'on enlève avec la peau. Le *sterno-cléido-mastoïdien* m'a
offert: 1° la présence d'un tendon aplati, large de 3 centimètres, situé sur le bord interne du muscle à 4 centimètres
au-dessus de son insertion sternale et parfaitement distinct
du tendon sternal; 2° la présence d'une intersection aponévrotique, à direction transversale, située à 2 centimètres
au-dessus de la fourchette sternale; 3° la fusion complète
des deux chefs sternal et claviculaire, à gauche; de ce côté,
les fibres musculaires du tiers interne se jettent sur un tendon à peu près cylindrique qui vient s'insérer, non pas sur
la face antérieure de la première pièce du sternum, mais
bien sur la fourchette; les fibres des deux tiers externes se
terminent sur une série de petits tendons, lesquels viennent
s'insérer à la clavicule, suivant une ligne sinueuse qui, partant
du bord antérieur de cet os, croise obliquement la face supérieure et vient se terminer à la face postérieure de l'extrémité
interne. Du côté droit, la réunion des deux chefs est moins
complète; il existe en effet, entre les deux, un petit triangle
à base inférieure, mesurant 1 cent. 1/2 de hauteur et comblé
par une forte aponévrose.

Le *sterno-cléido-hyoïdien* s'insère exclusivement sur la clavicule; au niveau de son insertion à l'os hyoïde, il se confond comme d'habitude avec le *scapulo-hyoïdien*, mais reste séparé de son homologue du côté opposé par un intervalle de 7 millimètres; les deux muscles *cléido-hyoïdiens* présentent une intersection aponévrotique transversale finement brisée et onduleuse, allant d'un bord à l'autre du muscle; elle est située à 33 millimètres au-dessus de l'insertion sternale. Une intersection analogue se rencontre sur le muscle *sterno-cléido-thyroïdien*, à 25 millimètres au-dessus de la fourchette. Ces deux muscles, séparés l'un de l'autre au niveau de leur insertion supérieure par un intervalle de 24 millimètres, se réunissent par leur bord à trois centimètres au-dessus du sternum et constituent ainsi un plan continu, un muscle unique et médian, qui vient se fixer à la face postérieure de la première pièce du sternum.

Le *mylo-hyoïdien*, contrastant singulièrement avec les muscles voisins, très pâles et presque atrophiés, est remarquable par son volume, son épaisseur et la couleur rouge de ses fibres. Le tiers postérieur de ces fibres se termine, comme d'ordinaire, sur l'os hyoïde; quant aux autres, convergeant vers la ligne médiane entre l'os hyoïde et les apophyses géni, elles se continuent directement avec leurs homologues du côté opposé, sans prendre insertion sur un raphé, dont il n'existe aucune trace. Les deux *génio-hyoïdien*, également très développés, sont entièrement confondus sur la ligne médiane; il m'a été impossible, malgré la dissection la plus minutieuse, de trouver un interstice séparatif entre les deux muscles.

§ II. — Anomalies du membre supérieur

Les muscles de l'épaule et du bras sont entièrement normaux. Le grand dorsal n'est uni à la longue portion du triceps que par des tractus aponévrotiques; je n'ai rencontré aucun vestige charnu du *dorso-épitrochléen* des singes.

A la face antérieure de l'avant-bras, je n'ai presque rencontré que des dispositions normales : le *petit palmaire* est très développé des deux côtés; le *rond pronateur* ne prend aucune insertion sur l'apophyse coronoïde. Les *fléchisseurs des doigts* ont tout particulièrement attiré mon attention : du côté gauche, ils sont entièrement conformes à la description qu'en donnent les Traités classiques; à droite, le *fléchisseur commun superficiel* laisse échapper de sa face profonde un fort faisceau charnu, qui vient se perdre dans le *long fléchisseur propre du pouce*. Ce dernier muscle, qui s'insère exclusivement en haut sur le radius, fournit, au niveau du bord supérieur du carré pronateur, un petit faisceau anastomotique qui, se portant en bas et en dedans, vient se terminer sur le tendon que le fléchisseur commun profond envoie à l'index. Le *carré pronateur*, très développé, est plus élevé à son insertion radiale (42 millimètres) qu'à son insertion interne (25 millimètres); il en résulte que son bord supérieur est fortement oblique en bas et en dedans et que sa configuration générale se rapproche assez bien de celle d'un triangle tronqué.

A la face postérieure de l'avant-bras, l'*extenseur commun des doigts* ne fournit à droite que trois tendons pour l'index, le médius et l'annulaire; il n'existe aucun tendon pour le petit doigt. Cette absence est apparemment suppléée par une bifurcation du tendon de l'extenseur propre du petit doigt: cette bifurcation se produit à la hauteur du carpe; les deux tendons qui en résultent cheminent isolément jusqu'au niveau de l'articulation métacarpo-phalangienne, où ils se fusionnent de nouveau en un tendon unique. Il existe des bandelettes anastomotiques très marquées entre les tendons extenseurs du médius, de l'annulaire et de l'auriculaire. Le *court extenseur du pouce* du côté droit s'insère sur l'extrémité supérieure de la première phalange du pouce, d'où il envoie un prolongement qui s'insère sur la seconde. Le *long abducteur* du pouce est double des deux côtés : l'un d'eux s'insère comme d'habitude sur l'extrémité postérieure du premier métacarpien, l'autre sur le trapèze. Ces deux muscles sont confondus à leur origine antibrachiale du côté droit; à gauche, ils sont complètement distincts dans toute leur étendue; il existe là un véritable muscle surnuméraire *cubito-trapézien*. On sait que ce muscle existe normalement chez un grand nombre de singes, notamment chez le gorille.

§ III. — Anomalies du membre inférieur

La fesse et la cuisse ne présentent aucune particularité intéressante ; je signalerai seulement, parmi les muscles fémoraux postérieurs, une réduction considérable de la courte portion du *biceps*, laquelle ne se réunit à la portion ischiatique du muscle qu'au niveau de la tête du péroné.

A la jambe, le *jambier antérieur* s'insère en bas, par un tendon non divisé, sur le premier cunéiforme et le premier métatarsien. *L'extenseur commun des orteils* fournit un *péronier antérieur* bien nourri, lequel vient s'attacher à l'aide d'un tendon triangulaire sur toute l'étendue du cinquième métatarsien. Le *long péronier latéral* et le *le court péronier latéral* sont normaux comme volume et comme insertions ; ce dernier ne présente aucun vestige du prolongement phalangien qui, quand il existe, se rend à la première phalange du cinquième orteil.

La région postérieure de la jambe ne nous a offert que des muscles normaux ; il en est de même de la plante du pied. Je signalerai toutefois, dans cette dernière région, un développement plus considérable que d'habitude de l'*abducteur oblique* et de l'*abducteur transverse*. Ces deux muscles sont, comme on le sait, plus ou moins fusionnés chez les singes en un muscle unique, dont le développement est vraisemblablement lié chez eux à la grande mobilité du gros orteil.

OBSERVATIONS

D'ANOMALIES MUSCULAIRES

RECUEILLIES SUR

UN NÈGRE DE L'ILE BOURBON

Les anomalies musculaires qui suivent ont été rencontrées, au mois de janvier 1881, sur un sujet nègre, originaire de l'île Bourbon. C'était un homme de quarante-six ans, de haute taille et d'une vigueur peu ordinaire. Transporté à Bordeaux en 1875, il n'avait pas tardé à être pris de tuberculose et avait succombé à l'hôpital Saint-André, dans les derniers jours de décembre 1880. La tête ayant été séparée du tronc avant le transport de ce sujet dans mon laboratoire, il m'a été tout à fait impossible d'examiner les muscles de la face, du cou et de la nuque.

§ I. — Cou et tronc.

Le chef sternal et le chef claviculaire du muscle sterno cléido-mastoïdien sont intimement unis jusqu'à 1 centimètre au-dessus de l'articulation sterno-claviculaire, au niveau de laquelle ils divergent légèrement pour se porter l'un sur le sternum, l'autre sur la clavicule. En dehors du chef claviculaire, j'ai rencontré les vestiges de deux faisceaux distincts qui devaient vraisemblablement se terminer sur l'occipital *(cléïdo-occipitaux* de Wood). Le *sterno-cléïdo-hyoïdien* et le *sterno-thyroïdien* ne m'ont présenté aucune trace des intersections aponévrotiques que l'on rencontre si fréquemment sur la continuité de ces muscles.

Le *grand pectoral* se confond avec celui du côté opposé dans la moitié inférieure de sa portion sternale. La portion claviculaire de ce muscle est entièrement distincte et de sa portion sterno-costale et du deltoïde.

Le *pyramidal* de l'abdomen se trouve très développé des deux côtés. Le *grand droit,* remarquable lui aussi par ses dimensions transversales, présente quatre intersections aponévrotiques, la première au-dessous de l'ombilic, les trois autres au-dessus.

Le *grand dorsal* ne reçoit aucun faisceau de renforcement de l'angle inférieur de l'omoplate; il se trouve uni, des deux côtés, à la longue portion du triceps brachial par une bandelette fibreuse très résistante.

§ II. — Membre supérieur.

Les muscles du membre supérieur ne m'ont offert aucune particularité digne d'être notée. Les *fléchisseurs des doigts* que j'ai disséqués avec la plus grande attention étaient entièrement conformes à la description classique; je n'ai trouvé aucun faisceau anastomotique entre l'un et l'autre des deux *fléchisseurs communs,* ni entre l'un de ces muscles et le long *fléchisseur propre du pouce.*

§ III. — Membre inférieur.

A la région fessière, j'ai rencontré, des deux côtes, un faisceau surnuméraire, longeant le bord inférieur du grand fessier, dont il était séparé par un interstice cellulo-graisseux très apparent avant toute dissection. Ce faisceau, qui est bien assurément le vestige du muscle *caudo-fémoral* de quelques mammifères, prenait naissance sur le coccyx et venait se terminer en dehors, en partie sur la ligne rugueuse qui s'étend du grand trochanter à la ligne âpre, en partie sur l'aponévrose fémorale. Le *carré crural,* normal à gauche, se trouvait constitué, du côté droit, par deux faisceaux distincts et à trajet parallèle, l'un supérieur et l'autre inférieur, ce dernier un peu plus volumineux que le précédent.

Des autres muscles du membre inférieur, le *court péronier* seul m'a présenté une disposition digne d'être signalée. Son tendon inférieur se divisait dès son origine en deux portions parfaitement distinctes : de ces deux tendons terminaux, le premier affectait la forme d'un petit cordon cylindrique, l'antérieur membraniforme se creusait en gouttière de façon à engaîner le précédent. L'un et l'autre se terminaient sur l'extrémité postérieure du cinquième métatarsien. Le prolongement phalangien de ce muscle faisait défaut.

Le *jambier antérieur* s'insérait sur le bord interne du pied par un tendon non divisé. Le premier faisceau ou faisceau interne du *pédieux* n'était pas distinct à son origine des autres faisceaux, et le *court fléchisseur plantaire* ou *fléchisseur perforé* présentait quatre faisceaux et quatre tendons parfaitement développés.

Comme on le voit, le système musculaire de ce nègre ne présente qu'un nombre fort restreint d'anomalies, et les observations qui précèdent se trouvent peu favorables à l'opinion de ceux qui avancent que les variations musculaires sont plus fréquentes dans les races colorées, que dans les races européennes.

Bordeaux. — Imprimerie Nouvelle A. BELLIER et Cie, rue Cabirol, 16.

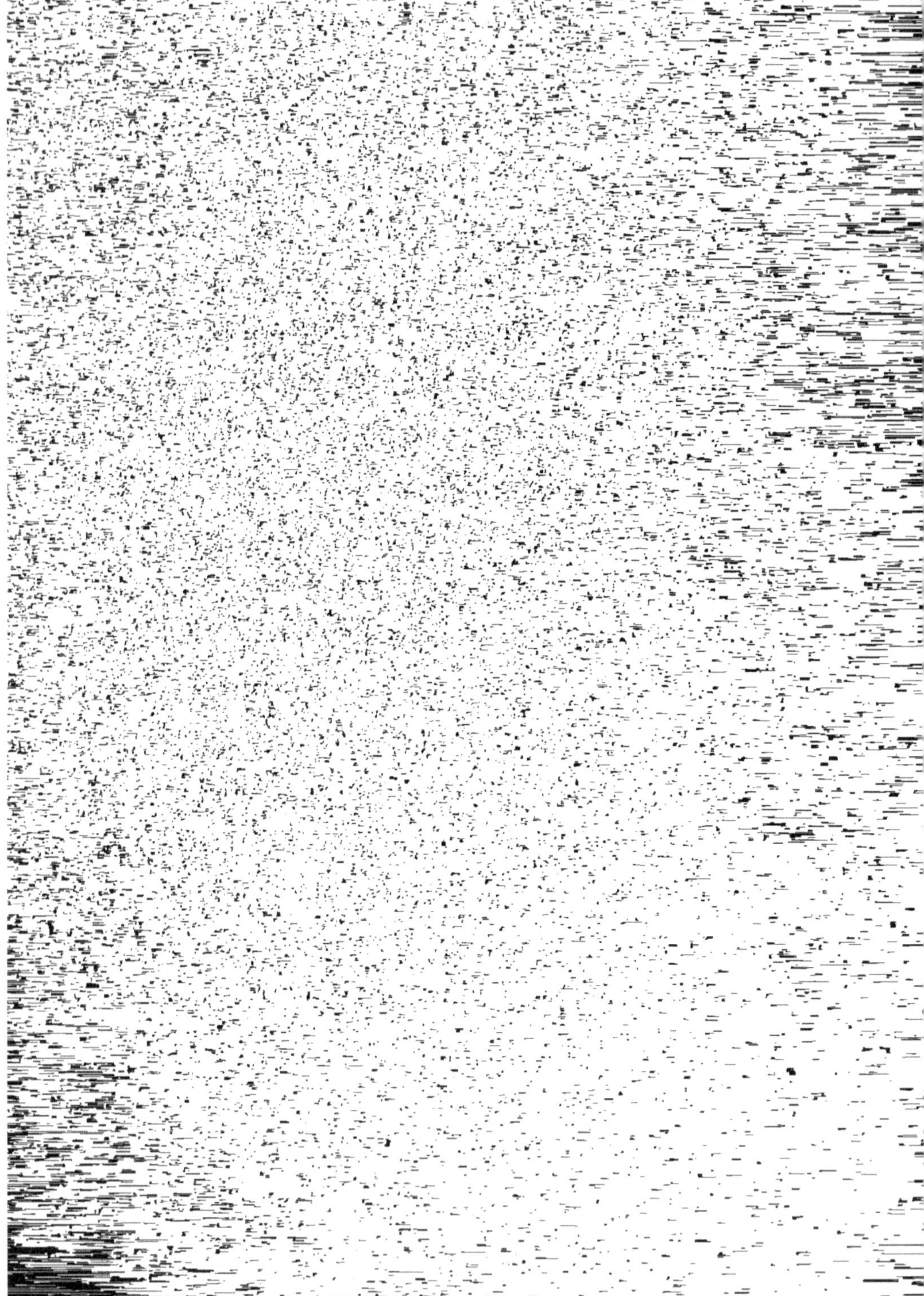

www.ingramcontent.com/pod-product-compliance
Lightning Source LLC
Chambersburg PA
CBHW061804060726
47597CB00007B/3107